Bibliografische Information der Deutschen Nationalbibliothek:

Die Deutsche Bibliothek verzeichnet diese Publikation in der Deutschen Nationalbibliografie; detaillierte bibliografische Daten sind im Internet über http://dnb.d-nb.de/ abrufbar.

Impressum:

Druck und Bindung: Books on Demand GmbH, Norderstedt Germany
ISBN: 9783668427686

Dieses Buch bei GRIN:

http://www.grin.com/de/e-book/357905/recycling-techniken-der-abfallwirtschaft-und-emissionsminderung

Richard Kurmann

Recycling, Techniken der Abfallwirtschaft und Emissionsminderung

Ein Kompendium von Aufgaben und Lösungen aus dem Modul Betrieblicher Arbeits- und Umweltschutz

GRIN Verlag

Beuth Hochschule für Technik (TFH) Berlin

Thema:

Recycling, Techniken der Abfallwirtschaft und Emissionsminderung

Aufgaben und Lösungen

im Rahmen des Fernstudiums Industrial Engineering im Modul Betrieblicher Arbeits- und Umweltschutz

vorgelegt von: Dipl.-Ing. Richard Kurmann

Abgabetermin: 2007-10-01

Inhaltsverzeichnis

Abkürzungsverzeichnis

Abb.	Abbildung
Al	Aluminium
AOX	Adsorbierbare Organisch gebundene Halogene
Aufl.	Auflage
$C_6H_{12}O_6$	Glukose
CH_2Cl_2	Dichlormethan
CH_3Cl	Chlormethan
CH_4	Methan
CO_2	Kohlendioxid
Cu	Kupfer
Cr	Chrom
d.h.	das heißt
etc.	et cetera
evtl.	eventuell
FID	Flammenionisationsdetektor
GC	Gaschromatographie
GmbH	Gesellschaft mit beschränkter Haftung
ggf.	gegebenenfalls
H_2	Wasserstoff
H_2O	Wasser (Wasserdampf)
HCl	Salzsäure
Hrsg.	Herausgeber
i.d.R.	in der Regel
IR	Infrarot-Strahlung
N	Stickstoff
NaCl	Natriumchlorid
NaCN	Natriumcyanid
NaOH	Natronlauge
NH_3	Ammoniak
NH_4^+	Ammonium
Ni	Nickel
NO_x	Stickoxide

O_2	Sauerstoff
pH	pH-Wert, Maß für den sauren oder basischen Charakter einer wässrigen Lösung
ppm	parts per million, Teil einer Million, Millionstel
SO_2	Schwefeldioxid
TA	Technische Anleitung
UV	Ultraviolett-Strahlung
Vgl.	vergleiche
WHG	Wasserhaushaltsgesetz
z.B.	zum Beispiel

Symbolverzeichnis

Symbol	Erläuterung
AK	Anschaffungskosten, Anschaffungsauszahlung
d	Durchmesser
GK	Grenzkorngröße
h	Höhe
p	Druck
µm	Mikrometer, ein Millionstel Meter
Δ	Delta, Differenzzeichen
~	ungefähr
∑	Summe

Abbildungsverzeichnis

Tabellenverzeichnis

1 Modul Betrieblicher Arbeits- und Umweltschutz

1.1 Emissionsminderung

1.1.1 Teil A: Luft und Luftreinhaltung

1.1.1.1 Aufgabe 1 (Entstaubung)

Die Entstaubung von Abgasen kann mittels unterschiedlicher Abscheideverfahren erfolgen.

a) Welche wichtigen Staubabscheideverfahren sind Ihnen bekannt, wo liegen ihre hauptsächlichen Unterschiede?

b) Weitverbreitet, weil preiswert, sind Zyklone. Erläutern Sie anhand einer Skizze, welche konstruktiven Maßnahmen ergriffen werden können, um feinere Staupartikel abzuscheiden. Warum lassen sich noch feinere Staubpartikel nicht mehr im Zyklon abtrennen?

c) In der Regel werden mehr als 99% der staubförmigen Emissionen im Staubabscheider abgeschieden. Folgt daraus, dass die gesundheitliche Beeinträchtigung durch den emittierten Reststaub verglichen mit dem Gesamtstaub nur noch maximal 1% beträgt? Begründen Sie die Antwort.

1.1.1.2 Aufgabe 2 (Messtechnik)

Welche wesentlichen Unterschiede existieren zwischen der Messung von Kohlenwasserstoffen und der Messung von Ozon, Schwefeldioxid oder Kohlendioxid?

1.1.2 Teil B: Industriewasser – Thema: Spültechnik

1.1.2.1 Aufgabe 3 (Wasserrecht)

a) Die Behörde setzt im Genehmigungsbescheid folgende Überwachungswerte im Endkontrollbecken der Abwasserbehandlungsanlage fest:

- Cu 0,5 mg/l
- Ni 0,5 mg/l
- Cr_{ges} 0,1 mg/l
- Leicht freisetzbare Cyanide 0,2 mg/l
- AOX 1 mg/l

- N aus NH_4^+ 50 mg/l
- Al 3 mg/l

Wie würden Sie als Beauftragter / Berater des Unternehmens auf diesen Bescheid reagieren? Begründen Sie Ihre Ansicht!

b) Begründen Sie, ob Sie folgende Aussagen für richtig, teilrichtig oder falsch halten:

- Der §7a WHG definiert den Stand der Technik
- Die Abwasserverordnung beschreibt ein für alle Industriebetriebe einheitliches Stand-der-Technik-Niveau!
- Die Genehmigungsbehörde prüft die Richtigkeit der vorgesehenen Abwasserbehandlungstechnik!
- Auch Altanlagen müssen den Stand der Technik erfüllen, koste es, was es wolle!

1.1.2.2 Aufgabe 4

Ein Betrieb arbeitet mit folgendem Fertigungsspektrum:

- Umformen
- Vernickeln, bestehend aus:
  - Entfetten
  - Beizen
  - Elektrolytisch Entrosten
  - Aktivieren
  - Vernickeln

a) Welche Abwasserarten und –inhaltsstoffe erwarten Sie?

b) Zeichnen Sie ein Blockschaltbild mit den Verfahrensschritten der dafür benötigten Abwasserbehandlung auf und geben Sie beim jeweiligen Verfahrensschritt an, welche Chemikalien eingesetzt werden und welche Abwasserteilströme dem jeweiligen Behandlungsschritt zugeführt werden!

1.2 Lösungen

1.2.1 Teil A: Luft und Luftreinhaltung

1.2.1.1 Lösung Aufgabe 1 (Entstaubung)

1.2.1.1.1 Lösung Teilaufgabe a

Die wichtigsten Staubabscheideverfahren sind wie folgt:

- Massenkraftentsaubung:

  Die Massenkraftentstaubung wird zur Entstaubung von Abgasströmen mit Staubpartikeln von einer Größe mit mehr als 5µm eingesetzt. Schwerkräfte, Trägheitskräfte oder Fliehkräfte (massenproportionale Kräfte) bewirken dabei die Abscheidung der Teilchen aus dem Gasstrom.

  Es gibt verschiedene Massenkraftabscheider:
  - Schwerkraftabscheider (z.B. Absetzkammer)
  - Trägheitskraftabscheider (Absetzkammern mit Einbauten zur Umlenkung des Gasstromes).
  - Fliehkraftabscheider (z.B. Zyklone)

- Nassentstaubung:

  Durch die Nassentstaubung können Staubpartikel mit einem Durchmesser von größer als ca. 0,1 µm abgeschieden werden. Dabei werden sehr feine Flüssigkeitstropfen im Abgasstrom verteilt. Durch Anlagerung der Staubteilchen an die Oberfläche der Flüssigkeitstropfen vergrößert sich die Masse der Staubpartikel. Die mit Staub beladenen Flüssigkeitströpfchen werden anschließend durch Schwer- oder Fliehkräfte (z.B. mit Hilfe von Massenkraftabscheidern) abgetrennt. Man unterscheidet:
  - Waschturm
  - Strahlwäscher
  - Wirbelwäscher
  - Rotationswäscher
  - Venturiwäscher

- Elektrische Entstaubung:

  Bei diesem Verfahren werden auch sehr kleine Staubteilchen mit einem Durchmesser von größer als 0,01 µm unter der Einwirkung eines elektrischen Feldes abgeschieden. Im Wesentlichen unterscheidet man zwei Bauformen:

- Rohrelektrofilter
- Plattenelektrofilter

- Filternde Entstaubung:

  Die filternde Abscheidung gehört mit einem Marktanteil von ca. 50% zu den gebräuchlichsten Methoden. Die filternde Entstaubung realisiert die Abscheidung von Stäuben mit einem Partikeldurchmesser von 0,01 µm und zum Teil auch darunter. Bestimmend für die Abscheidung sind Trägheits- und Diffusionskräfte, welche die Teilchen in Richtung der Filteroberfläche transportieren und anlagern. Filternde Abscheider sind Trockenabscheider. Man unterscheidet:

  - Schüttschichtfilter
  - Faserschichtfilter (Kerzen, Schläuche oder Tücher das Filtermedium besteht aus Faserschichten z.B. aus Gewebe, Vliese, Nadelfilze, Wolle, Polyamid, Polypropylen, Glas, Mineralwolle etc.)

<u>Prinzipielle Unterschiede sind dabei:</u>

- Massenkraft- /Nass- und Elektroentstaubung = Querstromfiltration (Abscheidung des Staubs quer zur Luftströmungsrichtung) ↔ Filter = Hauptstromfiltration (Staub und Luft werden bei der Abscheidung in dieselbe Richtung geführt).
- Filtercharakteristik: Querstromverfahren = kontinuierliche Bedingungen mit geringer Änderung während des Betriebs; Hauptstromfiltration = diskontinuierliche Bedingungen: Zu Beginn hoher Luftdurchsatz mit relativ schlechtem Abscheidevermögen für Partikel geringer Größe, anschließend Aufbau einer Sekundärfilterschicht durch das abgeschiedene Material, die zu einem verringerten Luftdurchsatz führt bei höherer Abscheidequalität (kleiner Partikel).
- Unterscheidung nach Abscheidegrenzen: Massenkraft für Staubteilchen mit $d > 5\mu m$; Nassentstaubung bis $d > 0{,}1\mu m$; Elektrofilter für $d > 0{,}01\mu m$ und Filter bis d um 0,01 µm.
- Die Nassentstaubung hat den Vorteil, dass gleichzeitig zur Staubabscheidung eine Schadgasadsorption oder Gaskühlung erreicht werden kann.

1.2.1.1.2 Lösung Teilaufgabe b

Abscheidung kleiner Staubpartikel = Herabsetzen der Grenzkorngröße.

<u>Es gilt:</u>

$$d_{GK} \sim d_{Zyklon}$$

$$d_{GK} \sim 1/\sqrt{h_{Zyklon}}$$

$$d_{GK} \sim 1/\sqrt[4]{\Delta p}$$

<u>Skizze:</u>

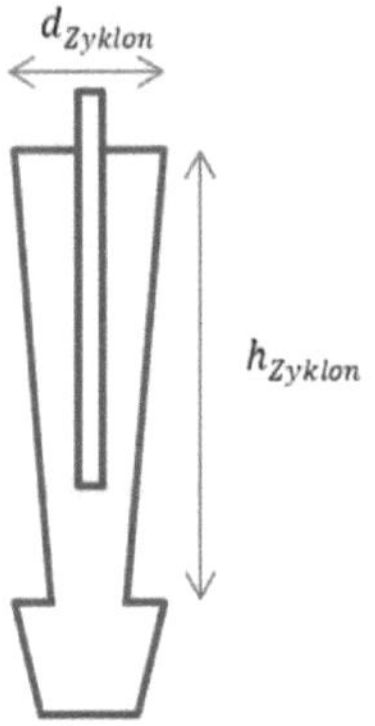

Je schmaler und höher der Zyklon gebaut ist, desto besser ist sein Abscheidevermögen (siehe Skizze). Durch einen solchen Zyklon lassen sich dann feine Staubpartikel abscheiden (Hochleistungszyklone).

Abbildung 1 Schematische Darstellung eines Zyklons.[1]

Damit wird die Grenzkorngröße umso kleiner und damit die Abscheidung kleinerer Partikel möglich, je kleiner der Durchmesser und je größer die Bauhöhe und der Druckverlust des Zyklons sind. Da der Druckverlust nicht beliebig hoch gesetzt werden kann, ist die Abscheidung von Feinstaubpartikeln im Zyklon nicht möglich.

1.2.1.1.3 Lösung Teilaufgabe c

Nein, diese Schlussfolgerung trifft nicht zu. Der Gesamtstaub (einatembare Fraktion) beinhaltet die sogenannte alveolengängige Fraktion (lungengängige Fraktion) früher auch als Feinstaub bezeichnet. Bei der alveolengängigen Fraktion han-

[1] Quelle: Eigene Darstellung.

delt es sich um Staubpartikel, die im Allgemeinen kleiner als 5 µm sind. Während der meiste Staub in den oberen Atemwegen (Nasen- und Rachenraum) abgelagert wird und gesundheitlich eher unbedenklich ist, erreichen die alveolengängigen Stäube die Bronchien oder die Lunge. Dort lagern sich die Staubpartikel ab und können zu erheblichen Gesundheitsschäden führen (Staublunge etc.).

Die gesundheitliche Beeinträchtigung hängt also im Wesentlichen von der alveolengängigen Fraktion ab. Bei einer Abscheidung von 99% des Gesamtstaubes besteht das letzte Prozent meist nur noch aus alveolengängigen Staupartikeln. Entscheident ist also nicht wieviel Prozent vom Gesamtstaub abgeschieden wird, sondern wieviel Prozent vom Feinstaub abgeschieden wird. Werden also Staubpartikel mit einem Durchmesser von kleiner als 5 µm nicht abgeschieden (z.B. Zyklon), so beträgt die gesundheitliche Beeinträchtigung nach wie vor 100%. Werden dagegen 50% des Feinstaubes zurückgehalten, beträgt die Beeinträchtigung nur noch 50%.

1.2.1.2 Lösung Aufgabe 2 (Messtechnik)

Bei der Messung von Ozon, Schwefeldioxid oder Kohlendioxid handelt es sich um Photometrische Messverfahren. Das zu bestimmende Gas wird dabei mit Licht einer bestimmten Wellenlänge (eines Wellenlängenbereiches) bestrahlt, und die Änderung von Wärme- (IR) oder UV-Strahlung wird mittels geeigneten Detektoren bestimmt. Die Messung von Kohlenwasserstoffen erfolgt mittels Flammenionisationsdetektion (FID). Hierbei wird die mit Kohlenwasserstoffen beladene Luft verbrannt. Die dabei entstehenden positiv und negativ geladenen Ionen werden in einem elektrischen Feld abgesaugt und liefern einen Ionenstrom der proportional zur Menge des Kohlenwasserstoffes ist. Der wesentliche Vorteil des photometrischen Verfahrens ist die Selektivität gegenüber dem FID-Verfahren. Während sich Ozon, Schwefeldioxid und Kohlendioxid durch die Photometrie selektiv bestimmen lassen. Ist die Bestimmung einzelner Kohlenwasserstoffe z.B. Benzol mit dem FID nicht selektiv möglich, sondern es werden alle Kohlenwasserstoffe erfasst (Summenbestimmung). Die Photometrischen Verfahren eignen sich zur kontinuierlichen Bestimmung.

1.2.2 Teil B: Industrieabwasser – Thema Spültechnik

1.2.2.1 Lösung Aufgabe 3 (Wasserrecht)

1.2.2.1.1 Lösung Teilaufgabe b

Als Beauftragter bzw. Berater des Unternehmens würde man gegen diesen Bescheid Einspruch einlegen. Die im Genehmigungsbescheid festgelegten Überwachungswerte sind für einige Stoffe zu hoch angesetzt. Im Anhang 40 der Abwasser-Verordnung für die Metallbe- und verarbeitende Industrie werden andere Überwachungswerte angegeben. In der nachfolgenden Tabelle werden die im Genehmigungsbescheid geforderten Werte mit den Werten der Abwasser-Verordnung gegenüber gestellt:

Stoff	Genehmigungsbe-	Abwasserverord-
Kupfer (Cu)	0,5 mg/l	0,5 mg/l
Nickel (Ni)	0,5 mg/l	0,5 mg/l
Chrom gesamt (Cr)	0,1 mg/l	0,1 mg/l Chrom VI 0,5 mg/l Chrom
Cyanide leicht frei-	0,2 mg/l	0,2 mg/l
AOX	1,0 mg/l	1,0 mg/l
Stickstoff (N) aus NH_4^+	50 mg/l	100 mg/l
Aluminium (Al)	3 mg/l	3 mg/l

Tabelle 1 Gegenüberstellung der Genehmigungswerte mit der Abwasserverordnung.[2]

Aus der Tabelle ist ersichtlich, dass das Chrom als Gesamtchrom zu hoch angesetzt ist. Hier ist eine Differenzierung zwischen Chrom und Chrom VI sinnvoll und sollte entsprechend beantragt werden. Des Weiteren ist zu erkennen, dass im Genehmigungsbescheid für Stickstoff gegenüber der Abwasserverordnung nur der halbe Wert gefordert wird. Da sich auch die Behörden an die Vorgaben der Verordnungen und insbesondere der Verwaltungsvorschriften halten müssen, ist hier eine Anpassung der geforderten Werte an die Werte der Abwasserverordnung zu beantragen.

[2] Quelle: Eigene Darstellung.

1.2.2.1.2 Lösung Teilaufgabe b

Gemäß der Aufgabenstellung ist zu begründen, ob folgende Aussagen richtig, teilrichtig oder falsch sind.

I. Der §7a WHG definiert den Stand der Technik.

   Diese Aussage ist falsch! Die im Gesetz eher allgemein gehaltenen Pflichten werden durch Verordnungen definiert und präzisiert. Um die Anforderungen an den Stand der Technik zu präzisieren ist die Abwasser-Verordnung geschaffen worden.

II. Die Abwasserverordnung beschreibt ein für alle Industriebetriebe einheitliches Stand-der-Technik-Niveau!

   Diese Aussage ist falsch! Der wasserrechtliche Stand der Technik wird in der Abwasserverordnung und den zugehörigen Anhängen definiert. Jede Industriebranche hat ihren „eigenen" Anhang, in dem für die Branche der Stand der Technik detailliert beschrieben ist. Verschiedene Anhänge definieren also in unterschiedlichen Beschreibungen was Stand der Technik ist.

III. Die Genehmigungsbehörde prüft die Richtigkeit der vorgesehenen Abwasserbehandlungstechnik!

   Diese Aussage ist richtig. Im Rahmen des Genehmigungsverfahrens prüft die Behörde auch, ob die Technik der Anlage dem Stand der Technik entspricht §7a Absatz (1) und (5) WHG. Werden die Anforderungen an die Abwasserbehandlungstechnik nicht erfüllt, so können die erforderlichen Maßnahmen in angemessener Frist durchgeführt werden §7a Abs. (3) und (4) WHG.

IV. Auch Altanlagen müssen den Stand der Technik erfüllen, koste es was es wolle!

   Diese Aussage ist teilrichtig. Auch alte Anlagen sollen möglichst dem Stand der Technik entsprechen. Allerdings nicht um jeden Preis. Es gilt hier die Verhältnismäßigkeit. Im §7a Abs. 2 WHG steht folgendes geschrieben „Für vorhandene Einleitungen werden in der Rechtsverordnung nach Absatz 1 Satz 3 abweichende Anforderungen festgelegt, wenn und soweit die danach erforderlichen Anpassungsmaßnahmen unverhältnismäßig wären".

1.2.2.2 Lösung Aufgabe 4

1.2.2.2.1 Lösung Teilaufgabe a

Bei den im dargestellten Betrieb vorhandenen Verfahrens- / Prozeßschritten entstehen die nachfolgend tabellarisch aufgeführten Abwasserarten und –inhaltsstoffe:

Verfahrensschritt	Abwasserart	Abwasserinhaltsstoffe
Umformen	Altöl	Kühlschmierstoff
Vernickeln	Saure Konzentrate	Nickelchlorid, Borsäure, Ni
Entfetten	Ölhaltiges Abwasser	Wässrig-alkalischer Reiniger
Elektrolytisch Entrosten	Cyanidhaltige Konzentrate	NaOH, NaCN
Aktivieren	Saure Konzentrate	Schwefelsäure

Tabelle 2 Abwasserarten und –inhaltsstoffe der einzelnen Verfahrensschritte.[3]

1.2.2.2.2 Lösung Teilaufgabe b

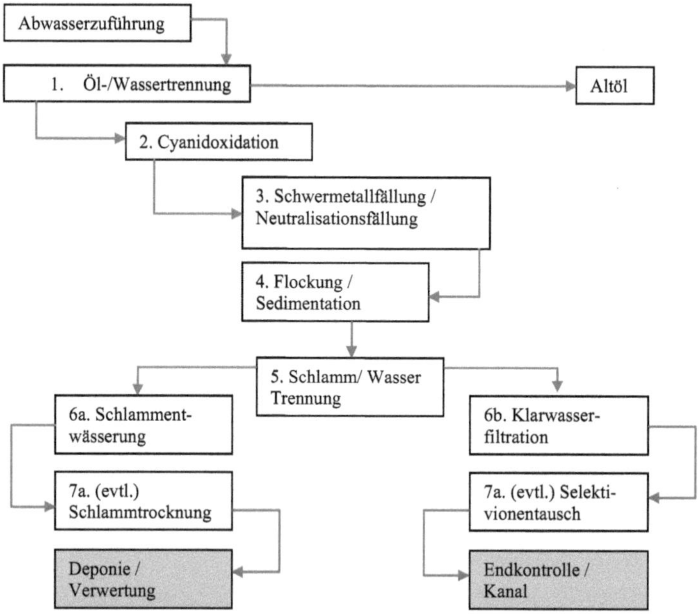

Abbildung 2 Blockschaltbild mit den Verfahrensschritten der Abwasserbehandlung.[4]

[3] Quelle: Eigene Darstellung.
[4] Quelle: Eigene Darstellung.

Verfahrensschritt	Eingesetzte Chemikalien	Zugeführte Abwasserteil-ströme
1. Öl-/Wassertrennung	Keine. Trennung aufgrund des Dichteunterschiedes Öl zu Wasser.	Öl- Abwassergemisch
2. Cyanidoxidation	NaOH, NaOCl	Entrosten, Abwasser
3. Schwermetallfällung Neutralisationsfällung	NaOH (für pH > 9) um Nickel als Hydroxid zu fällen) und Kalkmilch (falls die Neutralsalzkonzentration im Abwasser zu hoch ist)	Abwasser ohne Öl und Cyanid
4. Flockung / Sedimentation	Kalkmilch und Flockungshilfsmittel (z.B. organische Polyelektrolyte)	Abwasser ohne Öl und Cyanid, jedoch mit Salzfracht und Schwermetallhydroxidschlamm
5. Schlamm / Wasser Trennung	Keine, Trennung erfolgt technisch (z.B. mittels Membranfilterpresse, dadurch gleichzeitige Schlammentwässerung)	Abwasser wie unter 4. (neutral)
6a. Schlammentwässerung		
6b. Klarwasserfiltration	Keine, Technische Filtration	Abwasser wie unter 4. allerdings ohne Schlamm
7a. Schlammtrocknung	Keine, Technisch	Schlamm (trocken)
7b. Selektivionentausch	Ionenaustauscherharze	Vorgeklärtes Abwasser

Tabelle 3 Chemikalien und Abwasserteilströme nach Behandlungsschritten.[5]

1.3 Recycling und Techniken der Abfallwirtschaft

1.3.1 Teil A Techniken der Abfallwirtschaft

1.3.1.1 Aufgabe 1

Bei der Kompostierung und der Verbrennung von Hausmüll entstehen Gase.

a) Welche Gase fallen dabei in großer Menge an?
b) Wie ist unter diesem Gesichtspunkt die Umweltbelastung zu beurteilen?
c) Worauf beruht die Meinung der größeren Umweltfreundlichkeit von der Kompostierung?

[5] Quelle: Eigene Darstellung.

1.3.1.2 Aufgabe 2

Ein alter Kühlschrank soll entsorgt werden. Das abgesaugte Kältemittel CH_3Cl soll durch Verbrennung vernichtet werden, ist aber durch das Chlor nicht selbst brennbar.

a) Wie schafft man es trotzdem zu verbrennen und was für eine Anlage würden Sie verwenden?
b) Wie könnte die Reaktionsgleichung bei einer Hydrierung aussehen?

1.3.1.3 Aufgabe 3

a) Geben Sie jeweils ein Beispiel für die Trennung von Stoffgemischen durch:
   - Verdampfen
   - Sieben
   - Extraktion
   - Sichten

b) Erklären Sie kurz Ziel und Mittel für diesen Trennvorgang an Ihrem Beispiel.

1.3.2 Teil B: Recycling / Stoffliche Abfallverwertung

1.3.2.1 Aufgabe 4

Erklären Sie anhand eines Möbelkartons

a) die vier Recyclingformen,
b) die werkstoffliche, rohstoffliche und energetische Weiterverwendung.

1.3.2.2 Aufgabe 5

Wenden Sie die grundsätzlichen Möglichkeiten des Recyclings nach Aufgabe 4, ebenfalls aufgeteilt nach a und b, auf das Recycling eines Öl-Benzin-Gemisches aus Getriebe und Tankleitungen der Altautoindustrie an.

1.3.2.3 Aufgabe 6

Ein Haarfön soll recycelt werden

a) Welche Baugruppen werden wahrscheinlich vorkommen?
b) Welche Werkstoffe werden wahrscheinlich vorkommen?
c) Bieten sich Teile zur Wieder- oder Weiterverwendung an?

1.4 Lösungen

1.4.1 Teil A: Techniken der Abfallwirtschaft

1.4.1.1 Lösung Aufgabe 1

1.4.1.1.1 Lösung Teilaufgabe a

I. Bei der Kompostierung von Hausmüll wird CO_2 als Gas etwa nach folgender Reaktionsgleichung freigesetzt:

$$C_6H_{12}O_6 + 6\ O_2 \rightarrow 6\ CO_2 + 6\ H_2O^{\uparrow}\ (-2826\ kJ/mol) \quad (1.0)$$

Da Kohlenhydrate die mengenmäßig vorherrschenden Produkte der pflanzlichen Photosynthese sind, liegt die Darstellung der Verstoffwechselung von Glukose nahe.[6]

II. Das aus der Verbrennung von Hausmüll entstehende Gas setzt sich neben den Hauptverbrennungsgasen CO_2 und Wasserdampf aus weiteren nidermolekularen Verbindungen zusammen wie z.B. HCl (aus fluorierten Kunststoffen), SO_2 (aus organischen Abfall und Klärschlämmen), NO_x (aus organischen Abfall, Textilien und aus Oxidation des Luftstickstoffs), CO (aus unvollständiger Verbrennung) sowie NH_3 und in ppm – Anteilen entstehen auch hochtoxische Stoffe, wie Dioxine.[7]

1.4.1.1.2 Lösung Teilaufgabe b

Unter dem Gesichtspunkt der Gasentwicklung belastet das Kompostierverfahren die Umwelt am wenigsten, da nur „harmlose“ Gase wie CO_2 entstehen (vorausgesetzt es herrschen ideale Bedingungen wie Sauerstoffzufuhr etc.). Der dabei ablaufende Reaktionsschritt gemäß Gleichung 1.0 (siehe oben), ist die Umkehrung der Photosynthese. Das so entstandene CO_2 steht somit für die Photosynthese nach folgender Reaktionsgleichung wieder zur Verfügung.[8]

$$6\ CO_2\ +\ 6\ H_2O \overset{hv}{\rightarrow} C_6H_{12}O_6 + 6\ O_2 \quad (1.1)$$

Bei der Verbrennung von Hausmüll hingegen entstehen gefährliche Rauchgase, die erst aufwendig, bis auf einen nach TA Luft vorgeschriebenen Wert, gereinigt werden müssen. Durch die Reinigung entstehen ebenfalls wieder Abfallströme.

[6] Vgl. Thomé-Kozmiensky 1995 #8
[7] Vgl. Heintz 1996 #10
[8] Vgl. hier und in folgender Gleichung Heintz 1998 #9

Die Verbrennung ist also in diesem Fall von beiden Verfahren das umweltfreundlichere Verfahren.

1.4.1.1.3 Lösung Teilaufgabe c

Die Meinung beruht vor allem auf den Vorteilen der Kompostierung. Der Vorteil der Kompostierung liegt prinzipiell in den geringeren umweltrelevanten Auswirkungen (siehe b) begründet, sowie der Tatsache, dass die entstehenden Produkte bei Erfüllung vorgegebener Qualitäten dem natürlichen Stoffkreislauf zugeführt werden können, und somit eine echte Verwertung von Abfällen und die Entlastung des Gesamtabfallaufkommens stattfindet.

Entscheidender Nachteil: Zur Kompostierung eignen sich nur organische Abfallstoffe (z.B. Lebensmittel- und Grünabfall, aber auch Papier, Pappe etc.).

1.4.1.2 Lösung Aufgabe 2

1.4.1.2.1 Lösung Teilaufgabe a

Methylchlorid (Chlormethan) ist ein hochentzündliches Gas, daher sollte es bei einer Verbrennung von Chlormethan keine Probleme geben! (Allerdings sind hierbei die Sicherheitsaspekte zu berücksichtigen siehe Sicherheitsdatenblatt z.B. Praxair GmbH). Andere Kältemittel wie z.B. Methylenchlorid (Dichlormethan) CH_2Cl_2 sind nicht brennbare Flüssigkeiten. Diese können nur bei hohen Temperaturen verbrannt werden. Dazu wird das CH_2Cl_2 in der Regel zusammen mit anderen brennbaren Lösemitteln oder sonstigen Brennstoffen verbrannt. Dabei wird das Dichlormethan auf so hohe Temperaturen erhitzt, dass es thermisch zersetzt wird. Gefordert ist wegen des Chlors eine Temperatur von ca. 1200°C, damit evtl. gebildete Dioxine zerstört werden. Durch eine Quenche wird das entstehende Rauchgas anschließend schlagartig (meist durch Wassereinspritzung) auf Temperaturen von unter 250°C – 300°C abgekühlt. Dadurch wird die Neuentstehung (Novosynthese) von Dioxin gemindert. Voraussetzung für die Bildung von Dioxinen ist die Anwesenheit von Cl,C,H und O.

Für diese Probelematik bietet sich eine Sonderabfall – Verbrennungsanlage nach Anlagenschema z.B. der Hessischen Industriemüll GmbH (HIM) an. Diese verfügt neben dem Drehrohrofen über eine Nachbrennkammer (T > 1200°C) und einer nachgeschalteten Quensche.

1.4.1.2.2 Lösung Teilaufgabe b

Die Reaktionsgleichung bei einer Hydrierung könnte folgendermaßen aussehen:

$$CH_3Cl \xrightarrow{Katalysator/H_2} CH_4 + HCl$$

1.4.1.3 Lösung Aufgabe 3

1.4.1.3.1 Lösung Teilaufgabe a

1. Verdampfen: Meerwasserentsalzung (Zur Gewinnung von Trinkwasser und Salz)
2. Sieben: Sieben von Kies z.B. für die Bauindustrie
3. Extraktion: Aufbrühen von Kaffee
4. Sichten: Sortieren von Hausmüll z.B. mittels Windsichten um die brennbaren Bestandteile wie Papier / kunstoffreiche Fraktion (BRAM) vom restlichen Müll zu trennen.

1.4.1.3.2 Lösung Teilaufgabe b

Ziel und Mittel für die in o.g. Beispielen genannten Trennvorgänge sind:

1. Verdampfen: Beim Verdampfen von Meerwasser (Gemisch vorwiegend aus Wasser und NaCl) wird das NaCl durch Erhitzen vom Wasser getrennt (in der Praxis erfolgt dies in einem mehrstufigen Destillationsprozess). Die Lösung wird dabei so stark erhitzt, dass das Wasser in die Dampfphase übergeht. Das NaCl das molekular im Wasser verteilt vorliegt nimmt am Verdampfungsvorgang nicht teil, da der Siedepunkt des Feststoffs viel höher ist. Nur die reine Flüssigkeit (Wasser) wird somit in den Dampfzustand umgeformt. Die Moleküle des Feststoffs schränken dabei die Bewegungsfreiheit des Wassers ein, was eine Erhöhung der Siedetemperatur mit zunehmender Konzentration zur Folge hat (Siedetemperaturerhöhung). Das verdampfen des Meerwasser geschieht bei einigen Meerwasserentsalzungsanlagen teilweise durch Ausnutzung der Sonnenenergie. Ist die Sonnenenergie nicht ausreichend muss das Wasser mittels anderer Energie erhitzt werden. Das verdampfte Wasser wird wieder kondensiert und kann nach mehrmaligen Verdampfungs- und Kondensationszyklen als Trinkwasser genutzt werden. Das im Meerwasser gelöste NaCl bleibt beim Ver-

dampfen im Verdampfungsbecken als Feststoff zurück und wird als Industrie- oder Kochsalz genutzt.

2. Sieben: Beim Sieben wird Kies in verschiedene Größen unterteilt. In der Bauindustrie wird dies erforderlich um z.B. Beton unterschiedlicher Güte herzustellen. Die Güteklasse unterscheidet sich durch die unterschiedlichen Durchmesser der Kiessteine. Weiterhin wird gesiebter Kies als Drainagekies (Grobkies zur Entwässerung) etc. verwendet. Zum Sieben von Kies der in der Rohform auch einen Sandanteil besitzt eignet sich zum Beispiel eine Trommelsiebmaschine.

3. Extraktion: Ein alltägliches Beispiel für eine Extraktion (hier Feststoffextraktion) ist das „Kaffeekochen“, dabei trennt man die Kaffeearomastoffe (Extrakt) vom Kaffeepulver (Extraktionsgut). Die Aromastoffe lösen sich gut in heißem Wasser. Durch das Aufbrühen des Kaffee's werden die Aromastoffe aus dem Kaffeepulver herausgelöst und reichern sich im Wasser an. Dies ist gut an der Verfärbung des Wassers zu erkennen. Man erhält einen Kaffee (Extraktlösung) und es bleibt das ausgelaugte Kaffeepulver (Extraktionsrückstand) zurück. Um Kaffee herzustellen benutzt man heute in der Regel eine Kaffeemaschine.

4. Sichten: Um die gut brennbaren Abfallstoffe vom Hausmüll zu trennen benutzt man häufig das Windsichten. Dabei lässt sich ein großer Anteil von Papier und Folie, durch deren große Oberfläche, leicht aus fallendem Hausmüll herausblasen (Horizontalwindsichter). Dabei werden auch andere leichte Stoffe mitgerissen. Man erhält also nur eine Papier / kunststoffreiche Fraktion (BRAM, den Brennstoff aus Müll).

1.4.2 Teil B: Recycling / Stoffliche Abfallverwertung

1.4.2.1 Lösung Aufgabe 4

1.4.2.1.1 Lösung Teilaufgabe a

Anhand eines Möbelkartons sollen die vier Recyclingformen erklärt werden. Diese sind:

1. Wiederverwertung: Nach einem Umzug (ein- und auspacken von Hausrat für Ortswechsel) wird der Karton wieder für weitere Umzüge verwendet. Der Möbelkarton wird also unter Beibehaltung seiner Produktgestalt wieder für den gleichen Verwendungszweck benutzt.

2. Weiterverwendung: Der Möbelkarton wird als Spielkiste (sammeln von Spielsachen) im Kinderzimmer verwendet. Der Möbelkarton wird als unter Beibehaltung seiner Produktgestalt für einen anderen als den ursprünglichen Verwendungszweck benutzt.

3. Wiederverwertung: Der Möbelkarton wird als Rohstoff (i.d.R. unter Auflösung seiner Produktgestalt) in einem gleichartigen wie den bereits durchlaufenden Produktionsprozess zur Herstellung von neuen gleichwertigen Kartons benutzt.

4. Weiterverwertung: Der Möbelkarton wird unter Auflösung seiner bisherigen Produktgestalt als Rohstoff in einem neuen Produktionsprozess zur Herstellung von Produkten mit anderen Eigenschaften und / oder anderer Gestalt benutzt. Zum Beispiel als Material zu Isolationszwecken oder Trittschalldämmung im Hausbau.

1.4.2.1.2 Lösung Teilaufgabe b

1. Die werkstoffliche Weiterverwendung: Der Möbelkarton wird wie bei der Wieder- oder Weiterverwertung unter a) als Rohstoff in einem neuen oder gleichen Produktionsprozess zur Herstellung des gleichen Produktes (Möbelkarton) oder eines anderen Produktes (z.B. Trittschalldämmung) benutzt. Entscheidend hierbei ist, dass der innere Materialaufbau beibehalten wird.

2. Die rohstoffliche Weiterverwendung: Der Möbelkarton wird in einem Produktionsprozess so weiterverarbeitet, dass ein Rohstoff z.B. Zellulose zurückgewonnen wird. Dieser kann dann mit entsprechender Bearbeitung (zerkleinern, bleichen etc.) zur Produktion von z.B. Papier genutzt werden. Entscheidend hierbei ist die Auflösung des inneren Materialaufbaus unter Zurückgewinnung eine Rohstoffes (hier: Zellulose).

   Eine andere Technologie zur umfassenden energetischen und stofflichen Weiterwendung ist die Pyrolyse.[9] In diesem Prozess werden Kartons und Altpapier getrocknet und zerkleinert und anschließend bei ca. 400 bis 500°C einem quasi sauerstofffrei arbeitenden Pyrolye-Prozess zugeführt. Das entstehende Gas kann dann energetisch verwendet werden.

[9] Vgl. hier und in folgenden Sätzen Kranert 2004 #11

3. Der energetischen Weiterverwendung: Der Möbelkarton wird z.B. in einem Stromkraftwerk als Zuschlagstoff verbrannt. Die dabei erzeugte thermische Energie wird hierbei in elektrische Energie umgewandelt.

1.4.2.2 Lösung Aufgabe 5

1.4.2.2.1 Lösung Teilaufgabe a

Die grundsätzlichen Möglichkeiten des Recyclings also die vier Recyclingformen nach Aufgabe 4 sollen auf ein Öl-Benzin-Gemisch angewendet werden.

1. Wiederverwendung: Nicht anwendbar, da das Gemisch andere Eigenschaften besitzt.

2. Weiterverwendung: Das Gemisch wird als Schmierstoff für andere Anwendungen benutzt.

3. Wiederverwertung: Trennung des leichter siedenden Benzins vom Öl mittels Destillation. Die zurückgewonnenen Fraktionen Benzin und Öl werden nach evtl. Aufarbeitung wieder als Kraftstoff (Benzin) oder Schmiermittel (z.B. Getriebeöl, Grundöl) benutzt.

4. Weiterverwertung: Das Gemisch wird aufgearbeitet (z.B. durch Destillation) und in einem neuen Produktionsprozess zu einem neuen Produkt verarbeitet. So kann aus Getrieböl z.B. Fluxöl hergestellt werden und aus Benzin wird z.B. Feuerzeugbenzin hergestellt.

1.4.2.2.2 Lösung Teilaufgabe b

1. Die werkstoffliche Weiterverwendung: Das Öl-Benzin-Gemisch wird wie bei der Wieder- oder Weiterverwertung unter a) als Rohstoff in einem neuen oder gleichen Produktionsprozess zur Herstellung des gleichen Produktes (Benzin, Getriebeöl) oder eines anderen Produktes (z.B. Fluxöl, Feuerzeugbenzin) benutzt. Der innere Materialaufbau wird beibehalten.

2. Die rohstoffliche Weiterverwendung: Das Öl-Benzin-Gemisch wird nach der Aufbereitung zur Produktion von anderen Kohlenwasserstoffen z.B. CKW eingesetzt. Der innere Materialaufbau wird dabei unter Zurückgewinnung eines Rohstoffes (hier: Kohlenwasserstoff) zerstört.

3. Die energetische Weiterverwendung: Das Öl-Benzin-Gemisch wird z.B. als Industriebrennstoff genutzt.

1.4.2.3 Lösung Aufgabe 6

Ein Haarfön soll recycelt werden.

1.4.2.3.1 Lösung Teilaufgabe a

Ein Haarfön besteht aus folgenden Baugruppen[10]:

- Gehäuse mit Luftkanal
- Motor (elektrisch)
- Ventilator
- Heizung
- Regeleinrichtung
- Schalter
- Netzkabel
- Sicherheitseinrichtung

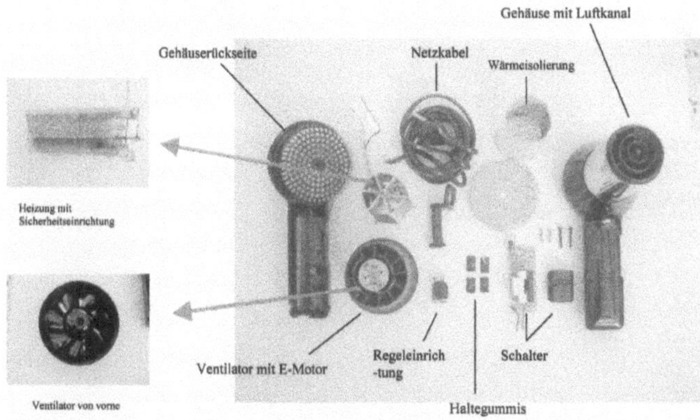

Abbildung 3 Baugruppen eines Haartrockners.[11]

1.4.2.3.2 Lösung Teilaufgabe b

Folgende Werkstoffe kommen vor: Aluminium, Kupfer, Eisen, verschiedene Kunstoffe

1.4.2.3.3 Lösung Teilaufgabe c

Kabel und Schalter könnten weiter verwendet werden.

[10] Quelle: QFD Institut Deutschland www.qfd-id.de
[11] Quelle: Eigene Darstellung.

2 Literaturverzeichnis

Heintz, Andreas; Reinhardt, G. A. (Hg.) (1998): Studienführer zum Buch Chemie und Umwelt. Universität Rostock. Rostock: Univ (Weiterbildendes Fernstudium Umwelt & Bildung).

Heintz, Andreas; Reinhardt, Guido A. (1996): Chemie und Umwelt. Ein Studienbuch für Chemiker, Physiker, Biologen und Geologen : mit 85 Tabellen. 4., aktualisierte und erw. Aufl. Braunschweig: Vieweg (Vieweg-Lehrbuch Umweltwissenschaften). Online verfügbar unter http://www.bsz-bw.de/cgi-bin/ekz.cgi?SWB04971494.

Kranert, Martin (Hg.) (2004): Abfalltage 2004 Baden-Württemberg. [integrative Strategien für eine nachhaltige Abfallwirtschaft ; Auswirkungen der EU-Politik auf Baden-Württemberg]. Universität Stuttgart; Forschungs- und Entwicklungsinstitut für Industrie- und Siedlungswasserwirtschaft sowie Abfallwirtschaft; Abfalltage Baden-Württemberg. Essen: Oldenbourg Industrieverl. (Stuttgarter Berichte zur Abfallwirtschaft, 83).

Queitsch, Peter (2002): TA Luft. Technische Anleitung zur Reinhaltung der Luft ; systematische Einführung mit dem Text der TA Luft 2002 ; [vom 24. Juli 2002]. 3. Aufl., Stand: Juli 2002. Köln: Bundesanzeiger Verl.-Ges (Bundesanzeiger /Beilage], 54,223a).

Sparwasser, Reinhard; Engel, Rüdiger; Voßkuhle, Andreas (2003): Umweltrecht. Grundzüge des öffentlichen Umweltschutzrechts. 5., völlig neu bearb. und erw. Aufl. Heidelberg: Müller Verl. Hüthig (C. F. Müller Lehr- und Handbuch).

Thomé-Kozmiensky, Karl J. (Hg.) (1995): Verfahren und Stoffe in der Kreislaufwirtschaft. Berlin: EF-Verl. für Energie- und Umwelttechnik (Enzyklopädie der Kreislaufwirtschaft).

.